퉁탕퉁탕 연장

다음에서 설명하는 연장은 무엇일까요? 선대로 접어서 무슨 연장인지 알아보세요.

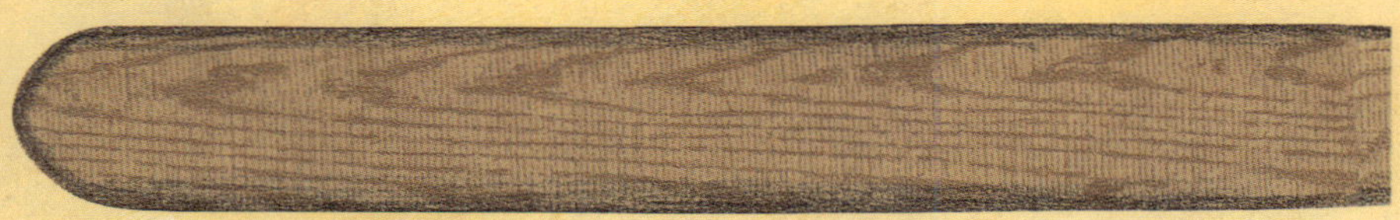

못을 박거나 뺄 때 써요.

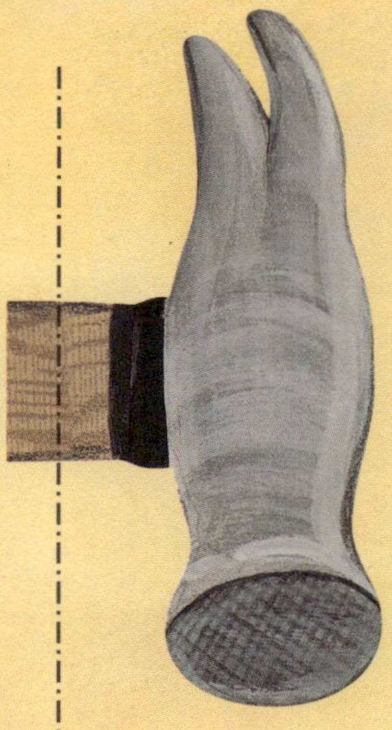

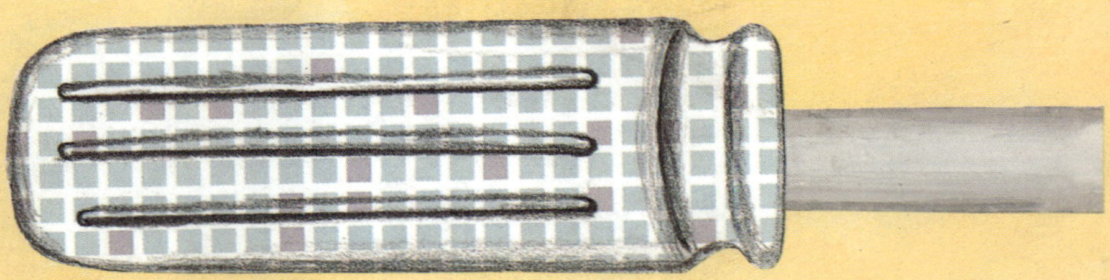

나사를 조이거나 풀 때 써요.

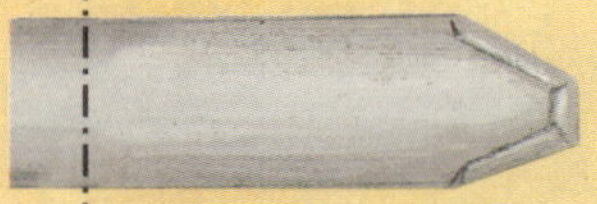

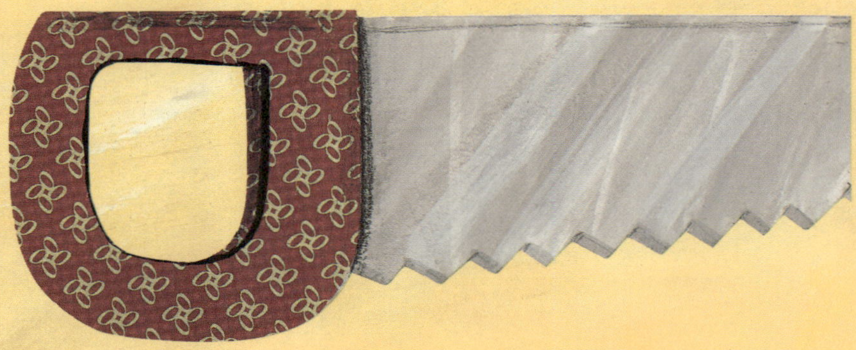

나무를 베거나 자를 때 써요.

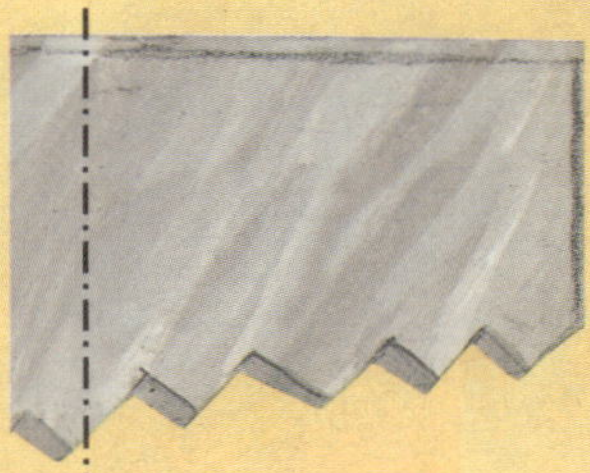

안으로 접는 선　　　밖으로 접는 선　　　1

누가 누가 닮았나?

다음 금속으로 만든 물건과 닮은 것을 생각나는 대로 써 보세요. 또 어떤 점이 닮았는지도 말해 보세요.

뾰족뾰족 가시가 있어서
만지면 따가운 철조망이에요.
무엇을 닮았나요?

____

____

좁은 관이 끝으로 갈수록
넓어지는 트럼펫이에요.
무엇을 닮았나요?

____

반짝반짝 동물

생활에서 흔히 볼 수 있는 금속으로 동물을 만들었어요.
〈보기〉처럼 금속 조각을 뜯어내 나만의 동물을 만들어 보세요.

〈보기〉

〈3쪽 반짝반짝 동물〉 활동 자료

동전으로 만든 포도

여러 가지 동전을 놓고 종이에 본떠서 멋진 포도송이를 꾸며 보세요.

〈놀이 방법〉

① 꼭지에 잘 맞춰 종이 아래 동전을 놓아요.

② 동전이 깔린 부분을 색연필로 살살 문질러요.

③ 원하는 포도송이를 완성해요.

금속이어서 좋아요

금속

다음 물건들은 모두 금속으로 만들어졌어요. 금속으로 만들어져서 무엇이 좋을까요?
각각 한 가지씩 써 보세요.

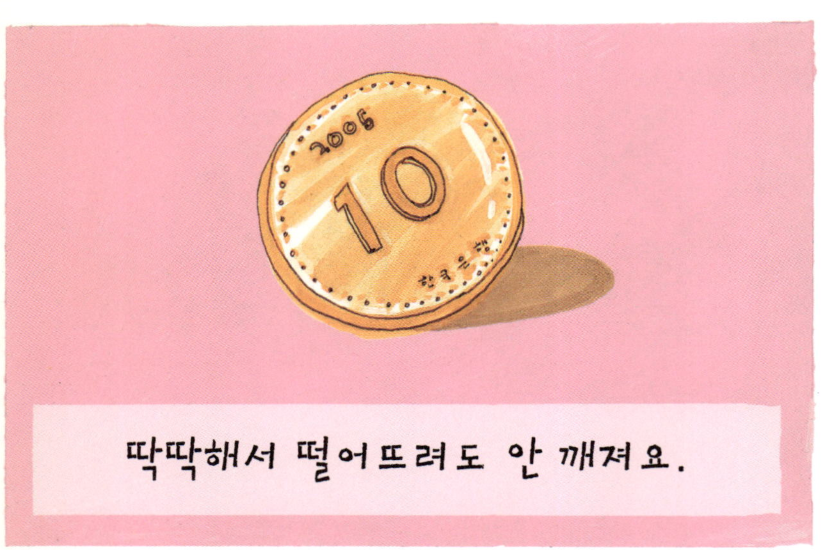

딱딱해서 떨어뜨려도 안 깨져요.

무엇일까요?

돋보기로 크게 확대해서 본 모습이에요. 무엇인지 스티커를 찾아 붙여 보세요.

스티커를 붙이세요.

스티커를 붙이세요.

스티커를 붙이세요.

스티커를 붙이세요.

스티커를 붙이세요.

스티커를 붙이세요.

시 똑같이 떼
. 전 색다른 삶을 살고 싶
ㅣ 주인이 되는 그런 삶을 찾아
싶어요."(변화를 바라는 고등어)
어 오르고, 꼬리는 사라지고. 게다
무언가가 나오기 시작했어요. 무
에 무슨 일이 일어난 걸까요?"(
는 올챙이) "제 몸은 온통 점
해도 이 점을 없앨 수 있
무당벌게)

나만의 상표

유리병 속에 맛있는 음료수가 담겨 있어요. 음료수의 특징을 잘 읽고 상표를 멋지게 꾸며 보세요.

우리 입맛엔 우리 음료, 식혜!
쫀득쫀득 밥알이 씹혀서
더욱 좋아요.

# 유리 진열장을 잘 보아요!

유리 진열장 안에 여러 가지 물건들이 놓여 있어요. 5분 동안 물건들이 어디에 놓여 있는지
잘 살펴보세요. 그리고 뒷장으로 넘겨 빈 곳에 알맞은 물건 스티커를 붙여 보세요.

• 앞의 유리 진열장에서 빠진 물건들이 있어요. 잘 떠올려서 알맞게 스티커를 붙여 보세요.

어떤 유리병일까?

기계에서 유리병이 만들어져 나오고 있어요.
유리병이 나오는 순서를 잘 살펴보고, 빈칸에 알맞은 스티커를 붙여 보세요.

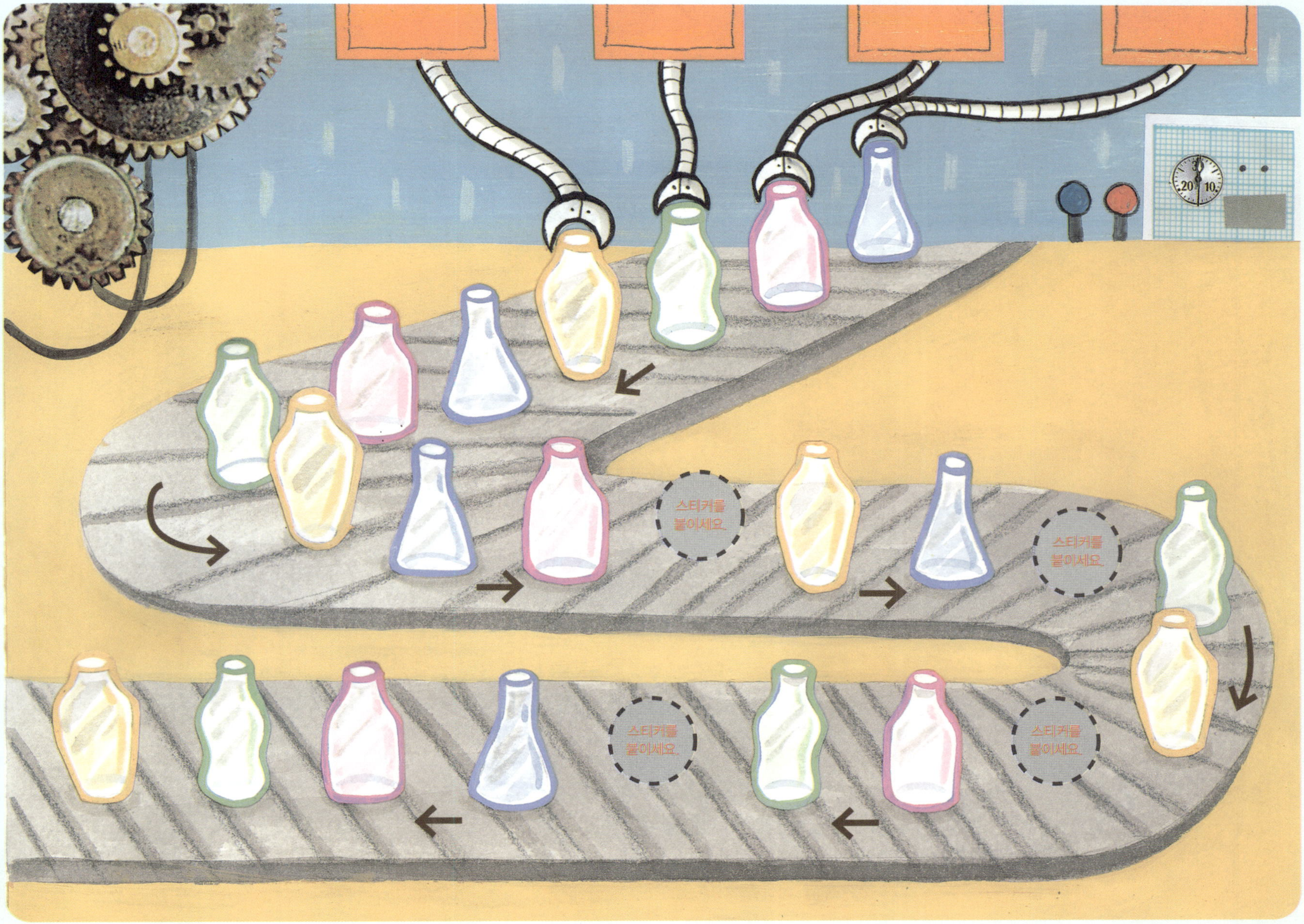

암호 풀기

성으로 들어가려면 암호로 된 다음 문제를 풀어야 해요.
거울에 비춰 보면 문제를 알 수 있어요. 암호문은 무엇에 대한 설명인지
빈칸에 그 답을 써 보세요.

1. 눈이 나쁜 사람이 쓰면 잘 보여요.

2. 눈에 대고 보면, 멀리 있는 것도 크게 잘 보여요.

3. 찰칵! 사진을 찍을 수 있어요.

재활용 로봇

유리, 플라스틱, 금속 같은 쓰레기들은 잘 모으면 재활용할 수 있어요.
재활용 로봇을 만들어 버려지는 유리, 플라스틱, 금속 따위가 어떻게 변신하는지 알아보세요.

(뒷표지 활동 자료 활용)

〈놀이 방법〉

① 그림과 같이 전개도를 접고, 위아래 구멍을 통과하도록
  상자 안쪽에 종이 미끄럼틀을 끼우세요.

② 쓰레기 그림이 밑으로 보이게
  위쪽 구멍에 카드를 넣으세요.

③ 아래쪽 구멍으로 나온 카드를 보고,
  어떤 물건으로 재활용되었는지
  알아보세요.

과자 이름 짓기

색깔도 가지가지, 모양도 가지가지인 과자가 여러 종류 있어요.
플라스틱 봉지와 과자 모양을 보고, 재미있는 이름을 지어 보세요.

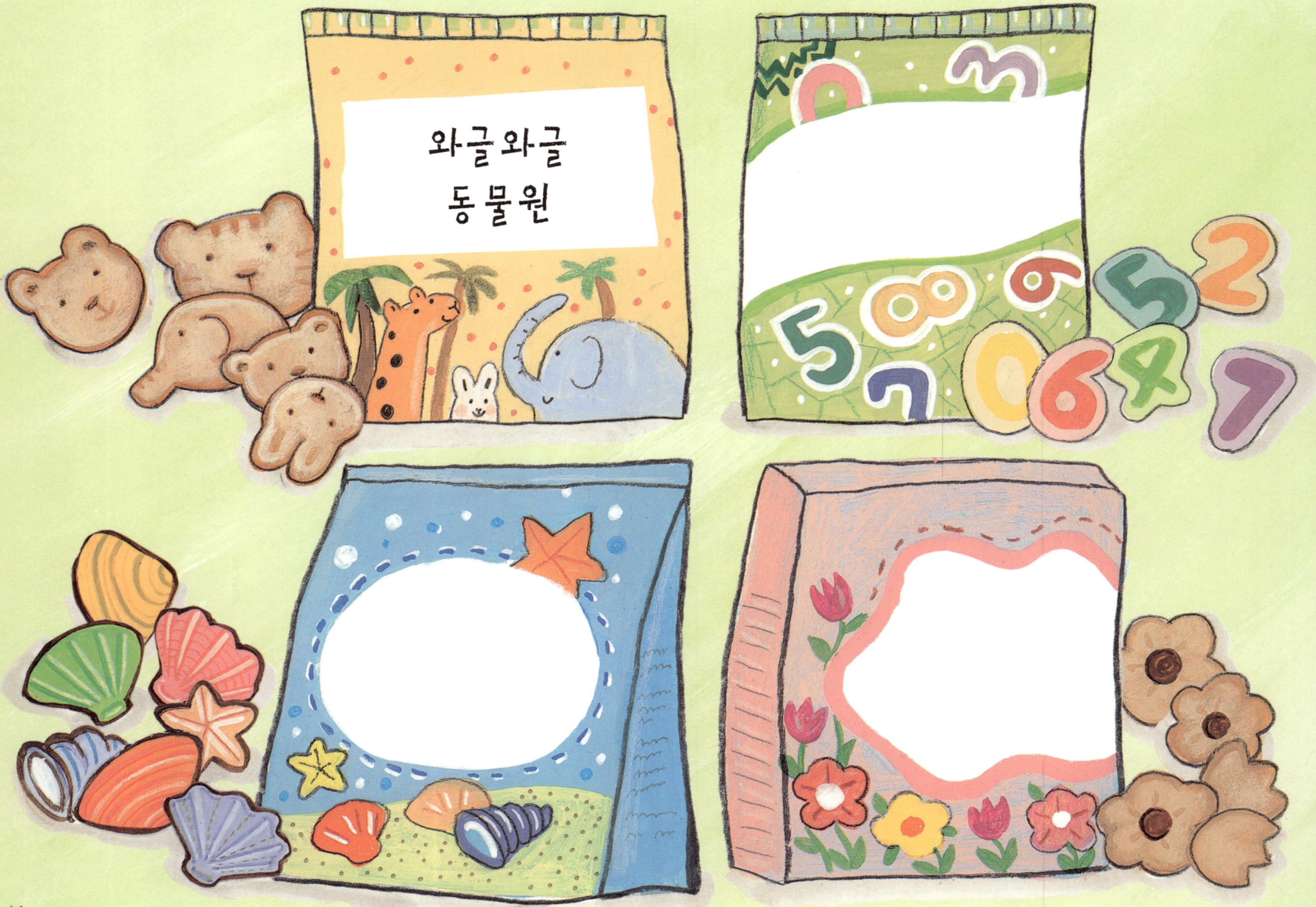

무엇일까?

다음은 우리가 쓰는 플라스틱 물건들을 위에서 바라본 모습이에요.
어떤 물건인지 생각해 보고 스티커를 찾아 붙여 보세요.

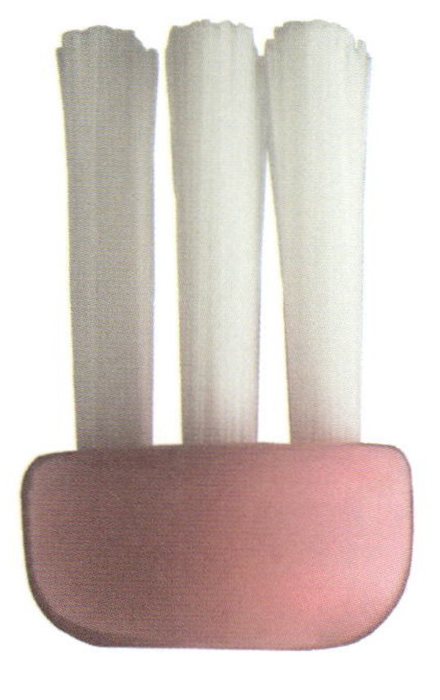

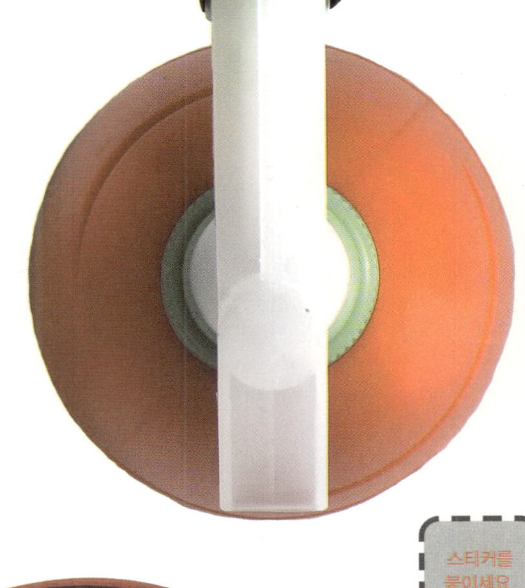

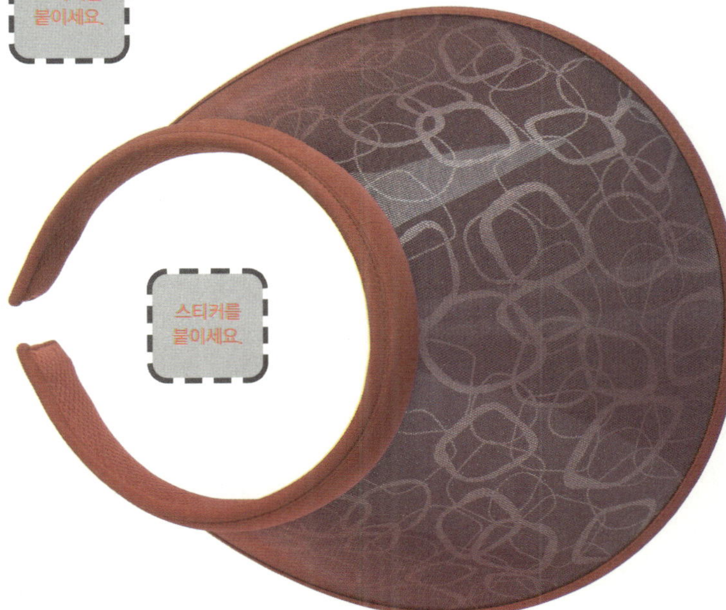

어느 쪽에서 보았을까?

이번에는 앞에 나온 물건들을 어느 쪽에서 바라본 모습인지 이야기해 보세요.

 **과학사고뭉치(물질) 스티커**

7쪽

   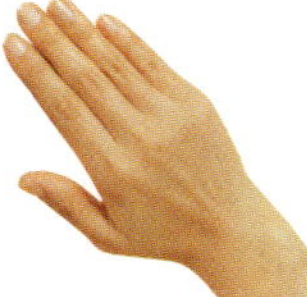  

10쪽

11쪽

   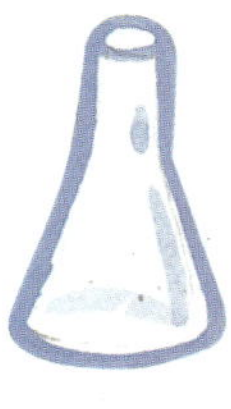

15쪽

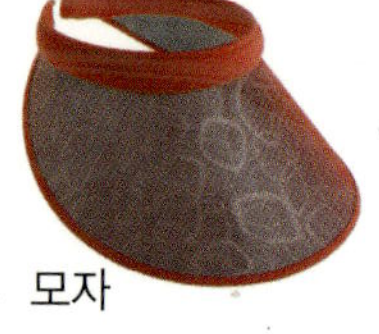

모자

헬멧

분무기

칫솔

컵

17쪽

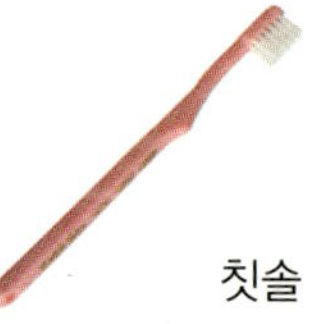

26-27쪽

무엇이 나올까?

플라스틱 공장에서 물건을 만들어 내고 있어요. 색깔과 모양 틀을 보고,
어떤 플라스틱 물건이 나올지 기계 위에 알맞은 스티커를 붙여 보세요.

고른다면?

플라스틱 물건과 아닌 물건이 있어요. 다음 상황에서 어떤 것을 쓰고 싶은지 고르고, 이유를 써 보세요.

1. 양치질할 때, 유리컵과 플라스틱 컵 가운데 어떤 것을 쓰고 싶나요?

2. 밥 먹을 때, 쇠숟가락과 플라스틱 숟가락 가운데 어떤 것을 쓰고 싶나요?

숫자를 찾아라

여러 색깔의 고무공들이 섞여 있어요. 그런데 자세히 보니, 숫자가 숨어 있네요.
무슨 숫자인지 빈칸에 써 보세요.

날아가는 풍선

친구들이 자기 옷과 똑같은 색깔의 풍선을 불어서 날렸어요.
풍선들이 어떻게 날아갔을지 상상해서 지나간 길을 그려 보세요.

호스를 찾아라

불이 난 집에 소방관이 고무호스로 물을 뿌리고 있어요. 각 소방차가 어느 집에 물을 뿌리는 걸까요?
요리조리 호스를 따라가 집에 소방차 번호를 써 보세요.

신발 바닥

고무로 만든 운동화 밑창에는 무늬가 있어요. 다음 운동화 밑창에 나만의 무늬를 그려 보세요.

한 번에 그리기

고무줄이 말뚝에 묶여 있어요. 시작점에서 시작하여 모든 선을 한 번만 지나도록 손을 떼지 말고 따라 그려 보세요.

1.

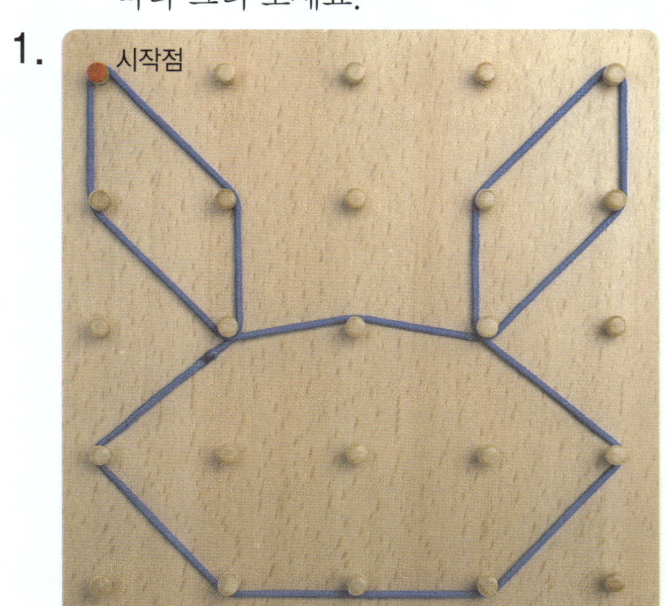

2.

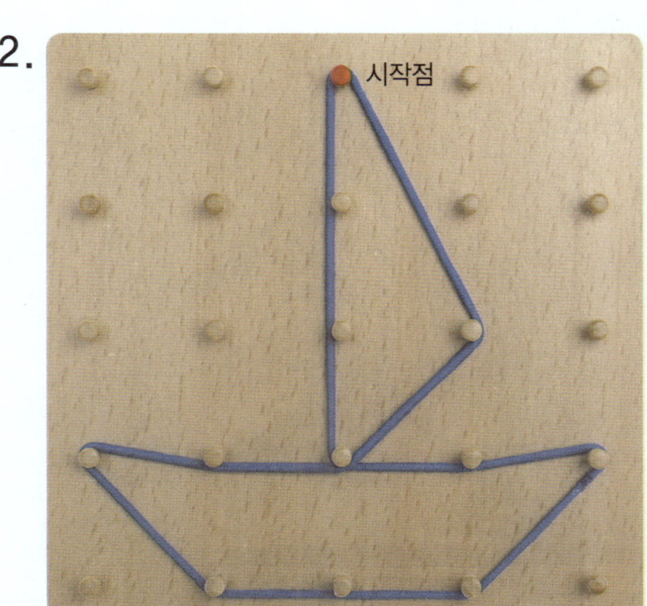

3.

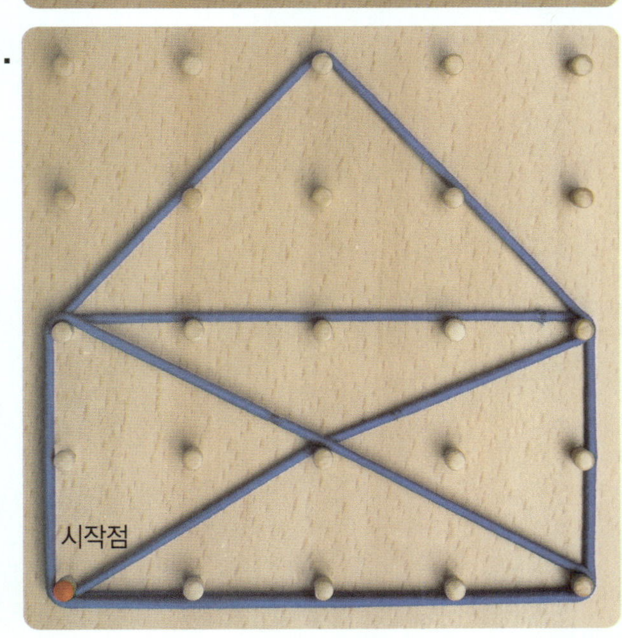

4.

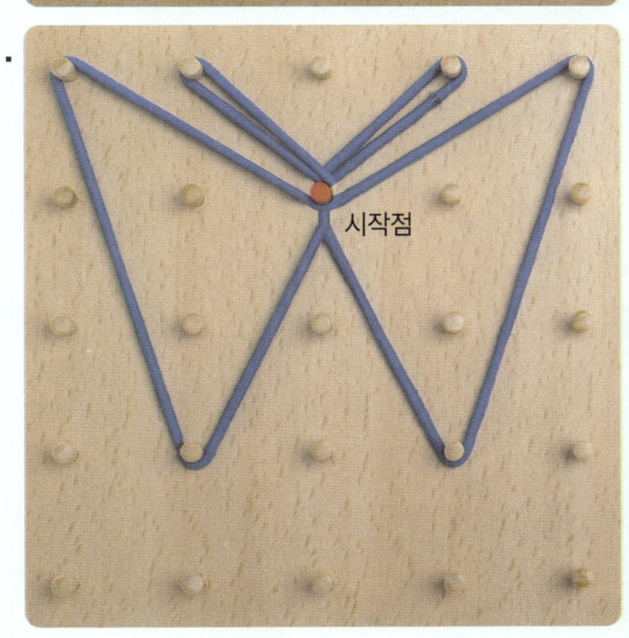

고무가 아니라면?

생활 속에는 고무로 만든 물건들이 많이 있어요.
만약 다음 물건이 고무가 아니라면 어떤 점이 불편할까요? 떠오르는 대로 써 보세요.

1.  운동화 밑창이 나무로 되어 있다면?

2.  설거지 장갑이 천으로 되어 있다면?

3.  가지고 노는 공이 유리로 되어 있다면?

나만의 나뭇결

나무를 자르면 각양각색 무늬가 나와요. 다음 무늬를 보고, 빈칸에 나만의 나뭇결을 그려 보세요.

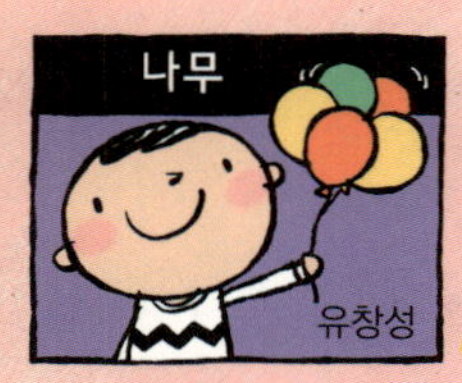

나무는 어디에 쓰일까?

참나무는 여러 가지로 쓸모가 많아요. 참나무에서 나온 것으로 무엇을 할 수 있는지 길을 따라가며 스티커를 붙여 보세요.

스티커를 붙이세요.

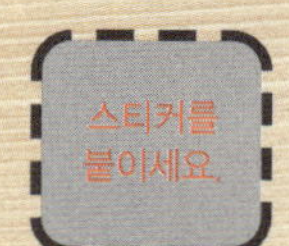

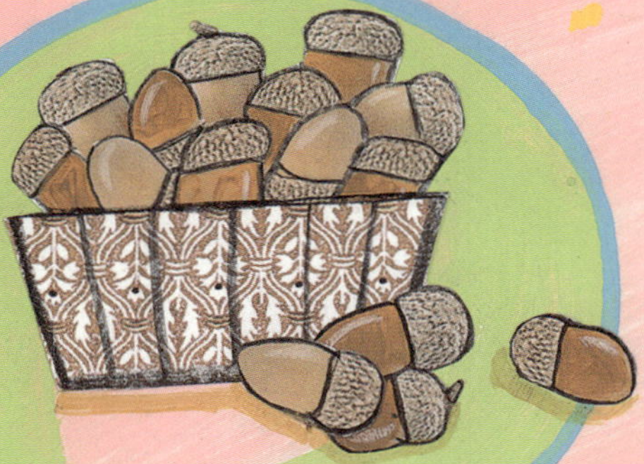

1. 참나무의 열매인 도토리로 묵을 만들어요. 도토리묵은 영양가가 많고 맛있어요.

2. 어떤 참나무 껍질에서는 코르크를 얻어요. 코르크로 병마개를 만들 수 있어요.

스티커를 붙이세요.

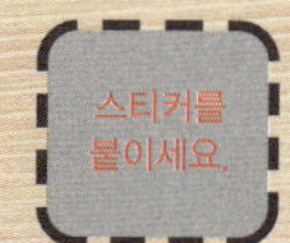

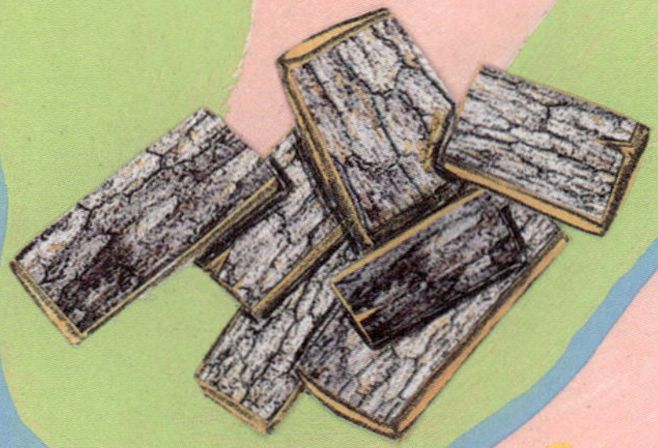

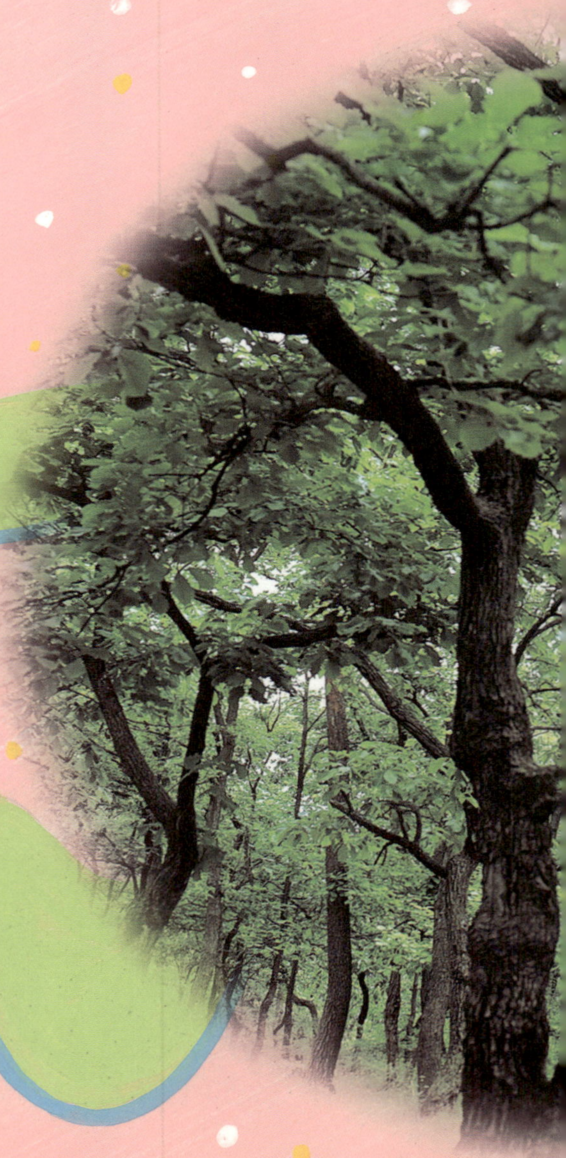

3. 참나무 잔가지는
   땔감으로 써요.

4. 참나무의 기둥을 베어,
   여러 가지 가구를
   만들기도 해요.

어느 나무일까?

나무마다 나무 기둥의 무늬가 달라요. 본뜬 그림을 보고, 어떤 나무의 것인지 알맞게 연결해 보세요.

 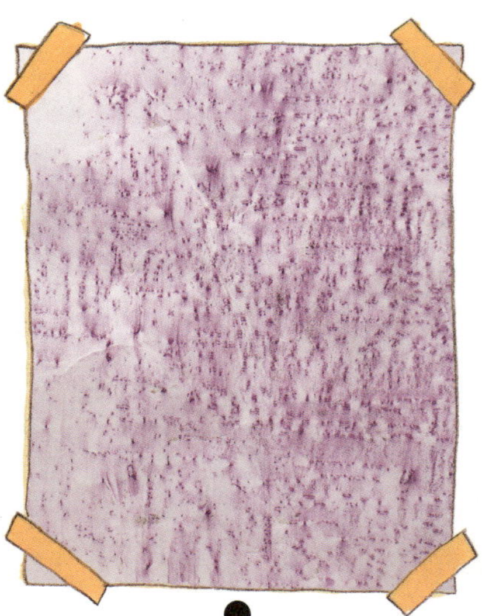  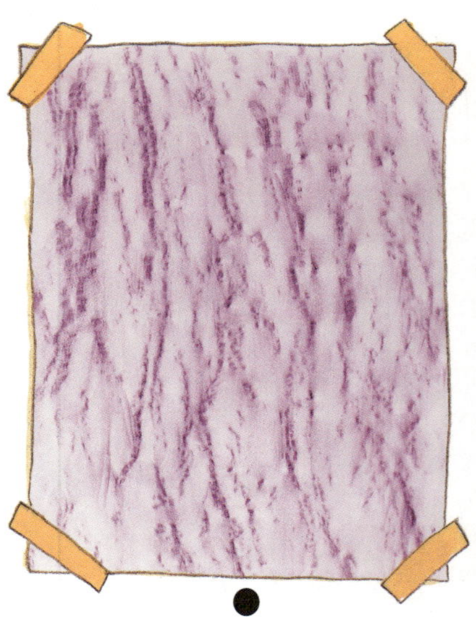

성냥개비를 움직여!

다음 문제에 주어진 대로 성냥개비를 움직여 모양을 바꿔 보세요.
옆의 성냥개비를 뜯어내 직접 모양을 만들어 보며 방법을 찾아보세요.

1. 12개의 성냥개비로 만든 모양이에요. 성냥개비를
   4개만 움직여서 정사각형 3개를 만들어 보세요.

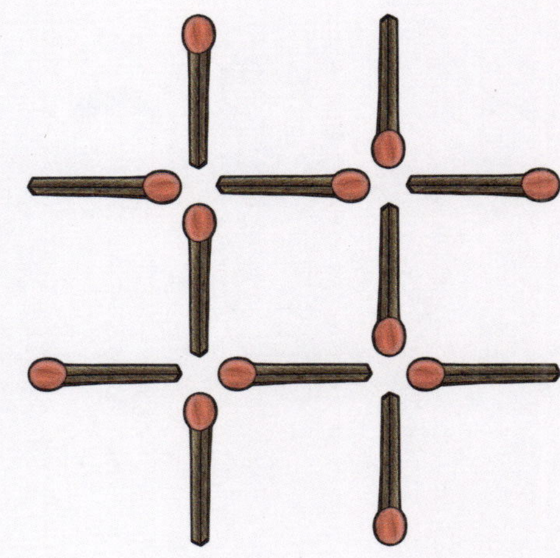

2. 달팽이 모양 길에서 성냥개비를 4개만 움직여서
   정사각형 3개를 만들어 보세요.

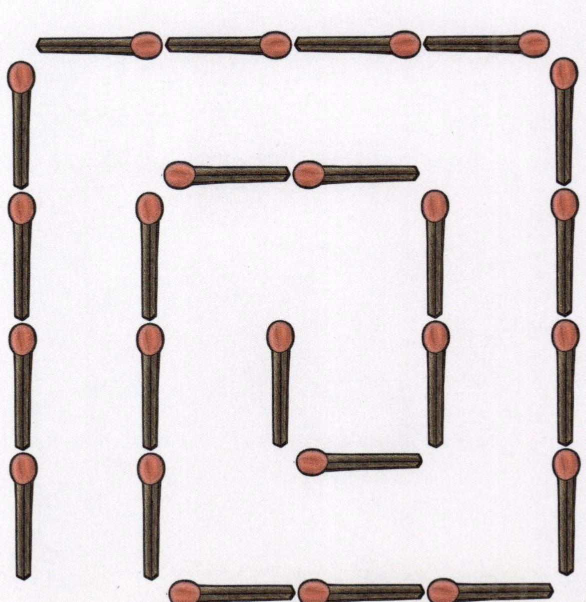

나무로 만들어진 것

우리가 평소에 쓰는 물건들 가운데 나무로 만들어진 것을 찾아 써 보세요.
꼼꼼히 살펴보고, 자세히 기록해 보세요.

1. 밥 먹을 때

2. 놀 때

3. 옷 입을 때

작게 작게, 크게 크게 발명

똑똑
발명 비법

아이, 더워!
진짜 더워 죽겠네.

짠, 선풍기 등장이오!

와, 이 선풍기는 어쩜 이렇게 작을까?
책상에 올려놓기 딱 알맞네.
흐흐흐, 이게 바로
작게 작게 발명품이지롱.
큰 물건을 작게
바꾼 거야.

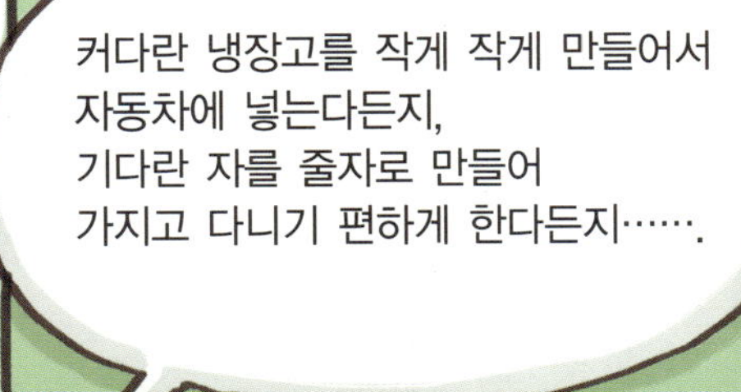
커다란 냉장고를 작게 작게 만들어서
자동차에 넣는다든지,
기다란 자를 줄자로 만들어
가지고 다니기 편하게 한다든지……

오잉,
작아지니까
진짜 편리하다.

그런데 별이야,
반대로 크게 크게 발명품도
있는 거 알아?
크게 크게?
그럼 오히려 불편하지 않을까?

그게 바로 너의 한계다!
너 엄마가 이불 빨래하시는 거
봤지?
어.

얼마나 힘드시겠냐?
그래서 이불까지 빨 수 있는
커다란 세탁기가 발명된 거야.
본래 있던 세탁기를 크게 크게
바꾼 거지.

음식점 같은 데서 쓸 수 있는
커다란 냉장고도 발명되었어.
이것 역시 크게 크게 발명품이지.
그런 것들은 커지니까
훨씬 편리하구나.

별이야,
내가 퀴즈 하나 낼 테니
맞춰 볼래?
좋아.

세상에서 가장 큰 바람개비가 뭐게?
바람개비?
글쎄~.
바로 풍차야. 바람개비를 크게 크게~.